LES

EAUX DES CÉVENNES

A LYON

Études hydrologiques sur les Eaux de Lyon

PAR

Marius MOYRET

Ingénieur chimiste, auteur de la *Teinture de la soie*

PRIX : I FRANC

EN VENTE

CHEZ TOUS LES LIBRAIRES

1884

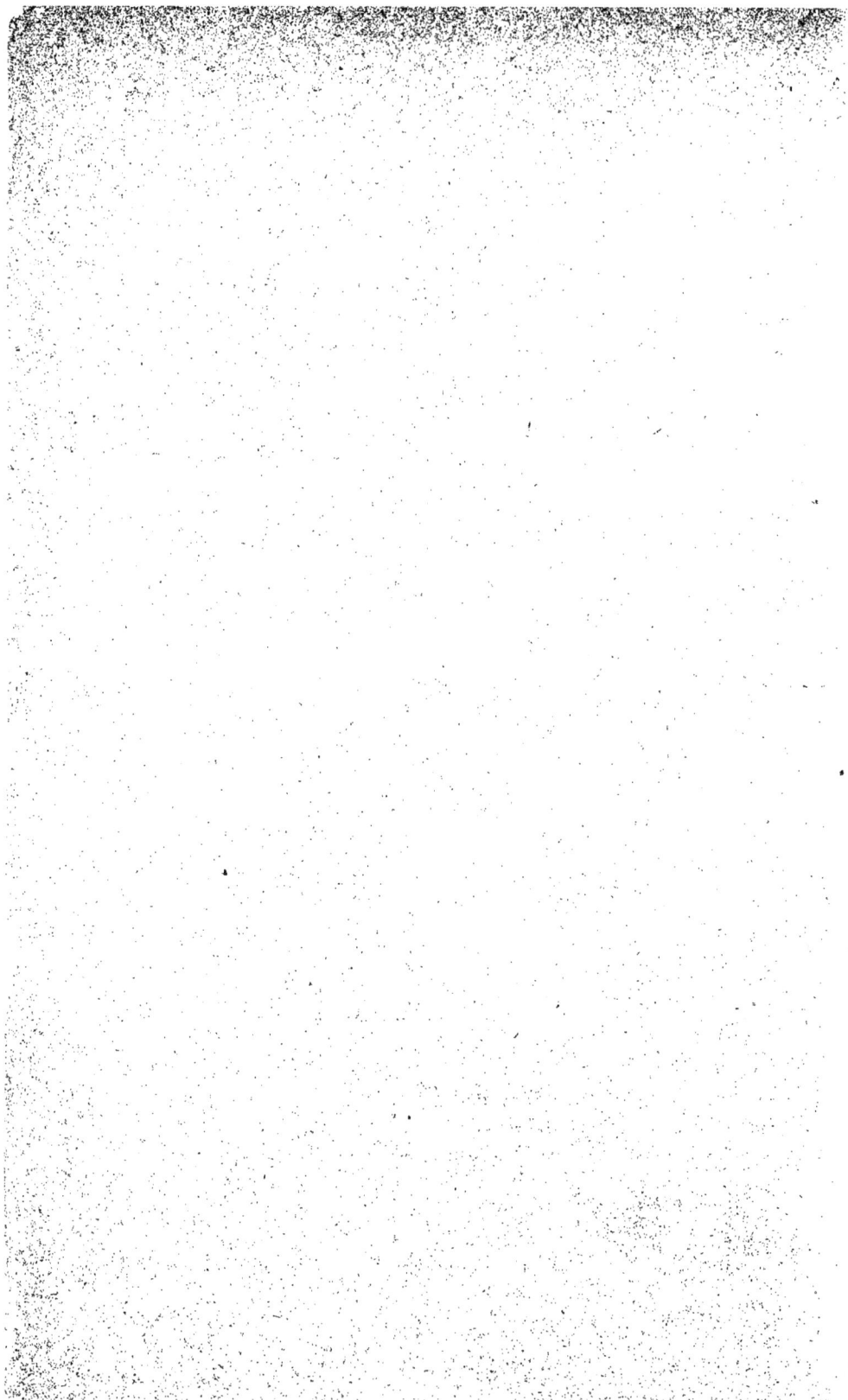

LES
EAUX DES CÉVENNES
A LYON

Études hydrologiques sur les Eaux de Lyon

PAR

Marius MOYRET

Ingénieur chimiste, auteur de la *Teinture de la soie*

PRIX : 1 FRANC

EN VENTE

CHEZ TOUS LES LIBRAIRES

1884

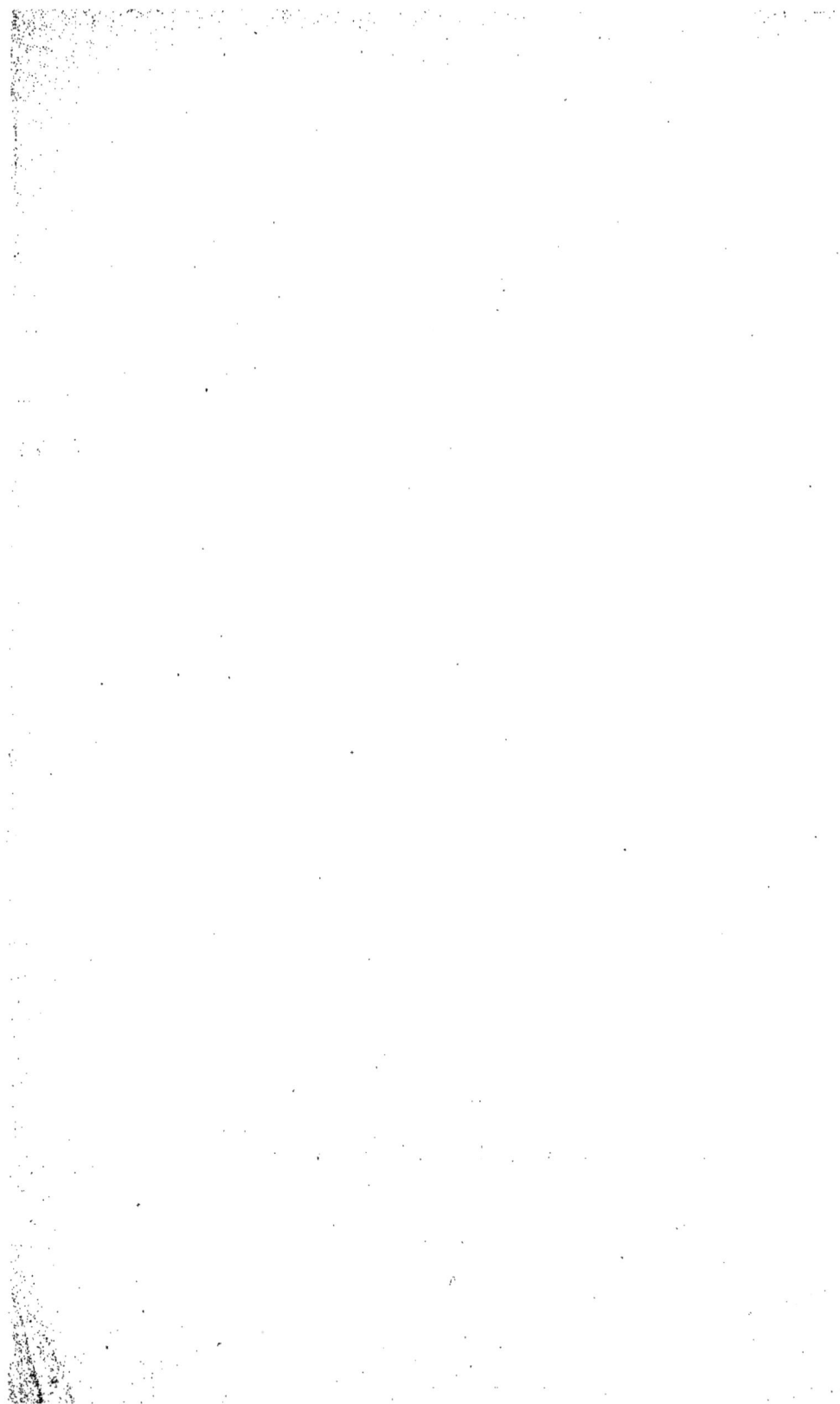

————❖————

§ I.

ÉTUDES GÉNÉRALES

————

> 'eau potable doit être comme
> la femme de César, à l'abri de
> tout soupçon.
>
> ARAGO.

Quelles doivent être les qualités d'une eau destinée à l'alimentation d'une grande ville comme Lyon ?

Tel est le problème qui se pose dans tous les projets d'eau, destinés à l'alimentation des grandes villes. Pour y répondre, il suffit de s'en rapporter à l'opinion d'Arago. En effet, l'eau pure convient à tous les usages, c'est-à-dire à la potabilité, aux usages domestiques et industriels. C'est ce que je vais démontrer.

Les eaux doivent être classées comme suit :

1° Au point de vue de la qualité ;
2° Au point de vue de la provenance.
Au point de vue de la provenance, les eaux peuvent être divisées en :

Eaux de sources ;
Eaux de rivières ;
Eaux de fleuves ;
Eaux de barrages.

Eaux de sources. — Les eaux de sources, pourvu qu'elles ne soient pas minéralisées, de manière à être dites « minérales » et, qu'elles ne contiennent pas trop de carbonate de chaux, c'est-à-dire la limite admise par Belgrand que le lecteur vera plus loin ; qu'elles ne proviennent pas de la filtration d'eaux marécageuses, ou d'eaux contaminées par le voisinage d'égoûts, d'usines, pouvant y marier leurs eaux-vannes, sont incontestablement les meilleures.

En effet, elles possèdent au plus haut degré les conditions voulues : pureté, aération et constance de température ; c'est-à-dire elles sont fraîches en été et chaudes en hiver. Agréables à boire en toutes saisons, elles respectent de plus les canalisations métalliques des villes, qui ne sont pas exposées aux dilatations et contractions successives, variant d'une saison à l'autre, par les autres eaux, par suite des changements de température, pouvant varier de l'été à l'hiver de 25° à 0°.

Malheureusement les sources tendent à disparaître de plus en plus par suite des déboisements. Les forêts, que la cognée du bûcheron abat journellement, sont les réservoirs naturels des sources. De plus, à la suite d'une période d'années de sécheresses, elles peuvent voir leur débit se réduire considérablement. Lyon en a un exemple dans les sources de Roves (près Neuville), proposées en 1843 pour son alimentation, et qui aujourd'hui sont réduites à un très faible débit — par suite de l'établissement du camp de Sathonay, qui a fait des travaux de drainage pour son assainissement.

Quelquefois on augmente le débit des sources, en faisant des fouilles dans les flancs des collines d'où elles sourdent ; mais ce procédé est très imprudent, et le débit va en diminuant rapidement ; le magasin naturel s'épuise.

Les sources de la Dhuys et de la Vanne ont failli tarir, et un moment les ingénieurs de Paris se sont préoccupés de cet état de chose.

Eaux de rivières. — Par rivières, j'entends ici les petits cours d'eau pris avant leur passage dans tout grand centre, et avant toute grande industrie. J'assimile les grandes rivières, telles que la Saône, aux fleuves.

Le débit des rivières est très variable ; leurs eaux ne peuvent généralement pas être prises pour l'alimentation des villes. En effet, en hiver elles sont glacées, et en été leur température peut s'élever à la température de 30 à 32°, ce qui les rend écœurantes à boire.

Quand elles sont limpides, leur niveau est généralement très bas et suffit à peine aux besoins ; si leur volume est convenable, elles sont troublées. Ces considérations doivent faire condamner à tout jamais l'emploi direct des eaux de rivières.

Eaux des fleuves. — Dans les fleuves, comme je viens de le dire, je comprends les grandes rivières.

Les fleuves sont abandonnés par l'école anglaise.

Les célèbres professeurs Roscoë, Frankland, Crace-Calvert, l'ingénieur Battman, pour les travaux d'alimentation d'eaux de Glascow et de Manchester, n'ont pas hésité à conseiller de faire les plus grands sacrifices afin d'aller chercher les eaux très pures du *Lak Katrine* pour Glascow, et du *Lak Thirlmere* pour Manchester, c'est-à-dire des eaux prises à de grandes altitudes, dans les vallées sauvages et privées de populations denses et d'usines.

Outre que les fleuves sont sujets comme les rivières à des hausses et à des baisses plus ou moins fortes, pouvant, dans certains cas, faire varier leur débit de 1 à 1,000 (Ex. la Loire à Roanne, qui voit son débit varier de 7 m. à la seconde à 7,000 m. Le Rhône à Lyon est plus constant : son débit varie de 4 à 40, de 150 m. à 6,000 m. à la seconde), leur température est très variable de 0° à 25° de l'hiver à l'été.

Dans les basses eaux, leur volume est quelquefois insuffisant pour les besoins des riverains, de la batellerie; fréquemment ils sont limoneux.

Mais le plus grand inconvénient qui les fait condamner par les Anglais ; toutes les fois que l'on peut faire mieux, c'est que, suivant le thalweg d'une vallée principale, ils sont les collecteurs naturels, les égoûts de cette vallée, et roulent avec leurs eaux les immondices des villes et villages et les eaux vannes des usines établies sur leurs bords. En temps d'épidémie, ils peuvent être considérés comme d'excellents moyens de transports des microbes, germes des maladies épidémiques.

Au point de vue du limon, la filtration à travers des bancs de graviers pourra donner de bons résultats, mais non relativement aux principes minéraux solubles et aux germes de maladies, aux matières organiques.

Pour rendre l'eau d'un fleuve ayant desservi des grandes villes absolument potable, les Anglais ont fait des essais très concluants, en arrosant des prés pentifs et draînant l'eau à la base. Malheureusement ce procédé ne peut s'appliquer dans bien des cas, et il faut renoncer à la ressource de purifier les eaux à l'aide des radicelles des végétaux.

Eaux de barrages. — En maintes circonstances, les barrages ou lacs artificiels offrent une précieuse ressource. Dans le projet dont je vais m'occuper, ils jouent un très grand rôle.

Les barrages emmagasinant l'eau des crues, les eaux de pluies torrentielles ou de la fonte des neiges, offrent le double avantage, aux riverains des rivières barrées, de les débarrasser de crues désastreuses, et d'emmagasiner l'eau, pour la donner au fur et à mesure des besoins.

Les barrages, dont les premières applications ont été faites par les Maures d'Espagne, et dont les plus beaux spécimens sont ceux de Puentes, d'Alicante, d'Almanza, lesquels ont servi de modèles aux barrages de Saint-Etienne, Saint-Chamond, Annonay, etc., doivent être établis sur des ruisseaux.

Ils ne peuvent être établis sur des fleuves, dont les eaux sont condamnées comme emploi, et qui, dans de grandes crues, pourraient passer par dessus la crête comme cela est arrivé récemment, en Algérie, au barrage de l'Habra, et alors ils peuvent être emportés et produire d'incalculables dommages.

Si deux barrages peuvent être construits sur un ruisseau, il faut commencer par le barrage supérieur. Les eaux torrentielles sont triées dans tous les barrages, et les premières eaux bourbeuses, qui ont lavé les toits des fermes, les chemins, sont envoyées directement à la rivière. Ce n'est que lorsqu'une certaine limpidité se fait qu'on les recueille ; elles achèvent de se réposer dans ces immenses réservoirs dont quelques-uns sont capables de tenir jusqu'à 8 ou 10,000,000 de mètres cubes d'eau.

Dans le projet que je vais développer, j'admets qu'il faut calculer sur les années les plus sèches, et faire des réserves d'eaux pour cent jours. Calculant toujours sur les années les plus sèches, il faut admettre un captage minimum de 0m30 de hauteur d'eau sur le sol. La quantité dans les années les plus sèches est bien encore dans les régions qui seront explorées de 0^m60, mais il faut en réserver 0^m30 pour les besoins de l'agriculture, l'évaporation, les eaux bourbeuses que l'on ne recueille pas.

Dans tout barrage, il faut réserver un volume vide, dit pour les orages, et éviter les désastres pouvant provenir du passage de l'eau par dessus la crête à la suite d'une trombe, d'un ouragan, etc. A Rochetaillée, les ingénieurs stéphanois ont admis pour ce volume 1/4, soit 400,000 m³. sur un volume total de 1,600,000 m³.

Le volume d'un barrage doit se calculer d'après l'emplacement disponible, et le nombre d'hectares qui y déversent leurs eaux.

Ainsi, un hectare représentant une superficie de 10,000 mètres carrés, on a, en multipliant par 0^m30 de hauteur, un cube de 3,000 m³, donnant un débit régulier de 8,000 litres par jour, se renouvelant principalement à l'automne et au printemps.

Comme j'ai admis une réserve de 100 jours pour braver les grandes sécheresses et les gelées des hivers rigoureux, il est nécessaire d'emmagasiner par hectare cent fois 8,000 litres, ou 800 mètres cubes. En définitive, si l'on veut utiliser convenablement les eaux des ruisselets, il faut que le barrage contienne, comme volume utile, autant de fois 800 m³ qu'il y a d'hectares de terrains situés en amont. A ce volume utile, il faut ajouter le volume vide pour les trombes.

Dans les petits barrages, l'eau est exposée à se corrompre ; mais, dans les grands, il n'en est pas de même. En été, la surface seule s'échauffe notablement ; de même en hiver la congélation fait un manteau protecteur. Or, comme l'on tire l'eau à la partie inférieure, il n'y a pas les écarts de température de l'hiver à l'été que l'on constate dans les rivières et l'on se rapproche de l'eau de source.

Beaucoup se figurent que l'eau est exposée à être salie dans les barrages ; mais ceux qui ont visité les réservoirs de Saint-Etienne, Saint-Chamond, etc., savent qu'il existe une police très sévère, et qu'il est défendu d'y rien jeter. Ils sont d'ailleurs faits dans des vallées sauvages et généralement privées d'habitants.

— Avant de terminer les eaux de barrages, disons à ce sujet, qu'en feuilletant l'histoire du Pilat, par Mulsant, j'ai trouvé que le doyen des barrages français est celui du Lot, dans le Roussillon ; il fut construit par les Romains ; mais, comme il fut mal entretenu, une grande brèche s'est faite depuis 1802, et, malgré les services qu'il rendait, on ne l'a pas encore restauré. D'après M. Barthens, du *Courrier de Lyon*, il existerait dans les Pyrénées-Orientales, des ruines de barrages construits par les Goths. Louis le Débonnaire avait proposé d'endiguer et de barrer la Loire au dessus du Forez, pour en régulariser les crues ; la mort vint empêcher ces travaux.

Ces barrages sont, d'ailleurs, la seule solution pour améliorer les fleuves et rivières en emmagasinant l'eau des crues. Il est évident que si, au lieu des digues et barrages mobiles, construits dans le but de faciliter la navigation de la Saône et du Doubs (de Besançon), on avait consacré le temps et l'argent dépensés à emmagasiner l'eau des crues des affluents supérieurs de ces rivières, on aurait actuellement, à Lyon, une Saône navigable en toute saison, sans le secours de ces barrages à aiguilles, qui sont des entraves à la batellerie. (Travaux de l'Ingénieur Boulanger.)

On ne se figure pas les richesses incalculables que charrient nos fleuves au moment des grandes crues, en ravinant leurs bords et emportant les récoltes et les engrais vers les mers.

Qualité des eaux. — Quelle doit être la qualité des eaux? La réponse à cette demande est dans l'épigraphe mis en tête de ce travail. L'eau ne doit rien contenir sauf de l'air; alors elle peut satisfaire à tous les besoins.

L'école anglaise, très positive, divise les eaux en trois classes au point de vue de l'emploi :

Eau pour la potabilité,

Eau pour les usages domestiques,

Eau pour les usages industriels.

Les eaux pour la voirie sont négligées; il est évident qu'aux chasses dans les égouts, au lavage des rues, toutes les eaux bonnes pour les usages précédents suffiront.

Eaux potables. — On divise les eaux potables en eaux calcaires et eaux granitiques — les premières sont dites *crues* ; les deuxièmes *douces*.

A propos de la question des eaux de Lyon, des flots d'encre ont été versés pour ou contre les eaux crues ou douces.

Les médecins et les hygiénistes viennent à la rescousse ; et, imitant leurs maîtres Hippocrate et Gallien, les uns disent oui, les autres, non. Bien embarrassé s'il veut se faire une opinion, est celui qui lit tous ces travaux.

Les uns prétendent que la chaux est inutile dans les eaux potables ; d'autres hors des eaux calcaires ne voient pas de salut, et, semblables à Purgon menaçant Argan de toutes sortes de maladies pour le décider à prendre... certain remède, ils voient dans l'usage des eaux granitiques la source de toutes sortes de maux : rachitisme, goitre, scrofule, crétinisme, etc., que sais-je?

Et dire que ces débats ont eu lieu à Lyon ! Voyons, messieurs les médecins ; pour vous mettre d'accord, vous n'avez qu'à prendre le tramway d'Oullins (0,35 c. place d'intérieur, 0, 20 c. banquette). Arrivés sur les bords de l'Yzeron, vous verrez de très belles populations. Le département du Rhône est sur terrain granitique! Ce qui n'empêche pas qu'on l'ait placé dans les départements calcaires.

Etudions maintenant séparément les eaux granitiques et les eaux calcaires,

Eaux granitiques. — Roulant sur des terrains de granit, ou considérés comme tels (volcaniques, micaschistes, terrains de transition, gneiss, etc.), elles n'arrachent rien à la charpente minérale du globe, si ce n'est des traces de silicates alcalins. Elles sont extrêmement douces *(Extremely soft,* selon l'expression de Roscoë; *soft* veut dire savonneuse). D'une manière précise, l'expression de douces signifie qu'elles dissolvent bien le savon.

Pourvu qu'elles soient aérées, fraîches, limpides, privées de matières végétales ou animales, de germes épidémiques, elles sont très potables. Les Suédois, les Norwégiens, les Finlandais, les Écossais, qui sont les plus beaux hommes d'Europe, n'en boivent pas d'autres. — J'ai analysé les eaux de la Moskowa, du Cleizman, du haut Volga ; elles ont beau être calcaires, les populations qui en font usage sont moins belles que celles précitées.

Dans cette question des eaux, les amateurs de calcaire ont négligé les questions d'ethnographie, de mœurs, d'alimentation, etc.

M. le docteur Saint-Lager seul est dans le vrai quand au cours de son rapport officiel, pages 74 et 75, il n'attache aucune importance au calcaire. Il nous montre les agriculteurs sains et robustes de la ferme du Pilat, les habitants de Cadix, les jolies femmes de Venise et les belles Andalouses qui ne boivent que de l'eau de pluie, recueillie dans des *citernes*.

Cet aveu de M. Saint-Lager est précieux pour la théorie des barrages, où l'eau est recueillie avec d'autres précautions que ne l'est l'eau de pluie dans les citernes. — Je sais bien que les citernes vénitiennes sont citées comme des modèles, — je ne connais pas celles de Cadix. Dans tous les cas, les barrages sont des modèles de citernes.

D'aucuns ont prétendu que les eaux granitiques étaient moins sapides, moins agréables à boire que les eaux calcaires. Si l'on consulte les habitants du Pilat, ils font une réponse inverse. Affaire d'habitude. C'est surtout l'aérage, la limpidité et la fraîcheur qui influent sur le goût de l'eau.

Les eaux granitiques, si l'on en juge d'après le mouvement actuel, sont les eaux du progrès, les eaux de l'avenir. De tous côtés on abandonne les eaux calcaires.

New-York est allé chercher les eaux pures du lac Croton, Glascow celles du lac Katrine, Manchester celles du lac Thirlmere ; Liverpool exécute en ce moment un travail gigantesque, en barrant un fleuve écossais, qui roule des eaux douces ; Vienne (Autriche) prend les eaux du glacier du Sommering, Verviers celles d'un barrage dans les Ardennes ; et, pour terminer cette liste très incomplète, citons Tournon-sur-Rhône, qui prend les eaux du Doux, au pont de César.

Un fait a été constaté à Glascow, Paisley et Bolton, c'est l'adhésion rapide des habitants à l'emploi de l'eau douce. A Stockport, la préférence pour l'eau douce a été si marquée que la Compagnie, pour *accélérer les abonnements*, s'est décidée à abandonner ses sources calcaires.

A Bruxelles, on fait des travaux de drainage pour se procurer une eau aussi douce que possible. Dans beaucoup d'autres villes n'ayant que des terrains calcaires autour d'elles, on fait pratiquer des sondages afin de trouver des nappes d'eaux moins calcaires que celles de la surface.

Les Romains l'avaient bien compris quand, après avoir fondé Lugdunum sur une colline granitique, ils sont allés chercher les eaux pures du Gier pour son alimentation.

Les eaux granitiques sont, de plus, moins exposées à se corrompre dans les barrages que les eaux calcaires. Les travaux de *sir Robert Warington*, lus à la *Society of Arts of London*, sur la nitrification de l'azote, dans les terres arables, nous montrent en effet que le carbonate de chaux favorise la nitrification ; or le nitrate de chaux est un élément développant les végétations, mousses, algues, etc., dans les réservoirs ; et pour cette raison elles sont presque nulles dans les eaux granitiques, et complètement nulles dès que l'eau atteint une profondeur de 12 pieds anglais (expériences de Ward, à propos des eaux de Bruxelles).

Si les médecins de Lyon nous ont montré la série des maux qui attendent les buveurs d'eaux granitiques, en place le docteur *Leach* (de Glascow) dit : « C'est ici l'opinion unanime des médecins qu'une grande amélioration sanitaire est résultée de la substitution de l'eau douce à l'eau dure. On remarque une diminution dans le nombre des maladies de la vessie. Les fièvres et les dyspepsies sont moins nombreuses ; et toutes les maladies se guérissent plus facilement sous le régime de l'eau douce que sous celui de l'eau dure. Pendant le choléra (1850), les quartiers de Glascow qui jouissent de l'eau douce ont moins souffert que les autres parties de la ville. »

Hippocrate et Celse ont toujours recommandé les eaux les plus pures à leurs malades. Lecteurs, choisissez entre ces opinions. Pour moi, la mienne est toute faite, et je me range du côté d'Hippocrate. Je me méfie des médecins de Lyon, qui ont mis le département du Rhône dans les départements calcaires, quand, sauf deux îlots (Mont-d'Or et une partie de l'arrondissement de Villefranche), il est tout sur granit, et donne quand même une belle population.

Eaux calcaires.—Ces eaux sont rendues calcaires par la présence de sels de chaux : carbonate de chaux dissous à la faveur de l'acide carbonique, sulfate de chaux, nitrate de chaux, chlorure de calcium, avec de petites quantités de sels de magnésie.

De tous ces sels, un seul doit être toléré dans les eaux potables ; c'est le carbonate. Les autres rendent les eaux lourdes et indigestes.

J'ai dit précédemment que les eaux calcaires étaient dites *dures* ou *crues* par opposition à celles dites douces. Ces expressions viennent de ce qu'elles dissolvent mal le savon, elles se caillent. Je reviendrai sur cette propriété à propos des usages domestiques. — Disons maintenant que la dissolution de savon à l'aide d'essais dits *hydrotimétriques* sert à doser la quantité de chaux contenue dans une eau et que plus le degré hydrotimétrique d'une eau est élevé plus elle est calcaire.

L'eau douce, additionnée de carbonate de chaux, ne cesse pas d'être potable ; mais la limite, d'après l'ingénieur Belgrand (travaux de la Dhuys et de la Vanne pour Paris) est 18° 6. Au delà, les eaux deviennent incrustantes et lourdes. Ce qui n'empêche pas les membres de la commission des eaux de Lyon d'avoir conseillé les eaux de Saint-Maurice-de-Rémens (Ain), lesquelles titrent en moyenne 21° 5. — Dame, à Lyon on ne fait rien comme ailleurs.

On a dit que Belgrand, lui-même, avait malgré son axiome, pris la Dhuys et la Vanne, pour Paris (21°). A cela, il est facile de répondre. Si Belgrand a pris la Dhuys et la Vanne, avec leurs 21°, c'est qu'il n'a pu faire autrement. Entre les eaux calcaires du bassin de la Seine, il a pris les moins calcaires.

Voici quelques relevés d'analyse hydrotimétriques :

Eau distillée	0°	
» de pluie................................	1° à	3° 5
» de neige	1° à	3° 5

Doux, Cance, Erieux, Furens, Gier, Dorlay, Izeron, Garon	2°
Garonne à Toulouse..........................	5°
Loire à Tours...................	5°5
Puits de Grenelle, Paris........................	9°
Saône à Lyon................................	14° à 16°
Rhône à Lyon................................	15° à 17°
Sources proposées pour Lyon	21°5
Dhuys et Vanne, Paris.........................	21°

Pour faire passer les eaux calcaires de St-Maurice-de-Remens, l'on a invoqué les statistiques des conseils de révision des départements suivants : Rhône, Ain, Jura (groupe calcaire); Ardèche, Loire, Haute-Loire (groupe granitique). Le Rhône a l'avantage.

D'abord, des statistiques de ce genre devraient se faire par cantons et non par départements, en éliminant les villes comme Lyon et Saint-Etienne, où la population est cosmopolite. Ensuite il ne faudrait pas placer le Rhône dans les calcaires, mais bien dans les granits; de même l'Ardèche est en grande partie sur le calcaire! Une portion seulement est située sur le granit. Étudiez un peu la géologie, messieurs.

Que deviennent des statistiques élevées sur de telles bases? Elles sont bonnes à être reléguées dans les cartons et vivement. Cependant, certaines observations tendent à prouver que l'on trouve des maladies analogues avec toutes les eaux; je vais en expliquer le pourquoi.

Il est bien entendu que dans l'eau potable je ne place que l'eau douce ou contenant du bicarbonate de chaux dans les limites voulues par Belgrand. Pour examiner l'influence des eaux sur une population, il faut tenir compte : de la question de races, de mariages consanguins dans les races dégénérées, de l'alimentation, des genres de travaux, des communications, de la tempérance, de l'altitude et des genres de culture.

La question de races est capitale. Je l'ai montré précédemment en parlant des eaux granitiques.

Les mariages consanguins dans les races dégénérées accélèrent la dégénérescence, ce qui n'a pas lieu dans les races pures : Exemple : les Juifs descendant des Aryas de l'Inde. (Race non dégénérée.)

L'alimentation joue un très grand rôle, c'est à une alimentation variée qu'il faut demander les éléments des os, et alors, avec n'importe quelle eau, vous aurez de belles ossatures. Nourrissez exclusivement de pommes de terre, de châtaignes et autres féculents des buveurs d'eaux même calcaire, et vous aurez des gens à faible charpente, non robustes. Donnez au contraire de grandes céréales, froment et orge, de la viande, à des populations sur granit, joignez-y du vin et vous aurez de beaux types. Le froment surtout apporte le phosphate de chaux, nécessaire aux os et aux dents. Il faut avant tout à l'homme une alimentation variée, saine et abondante. Il lui faut des aliments plastiques et des aliments comburants.

Les genres de travaux jouent un grand rôle également. Il est évident que, si vous placez dès sa plus tendre enfance, l'homme dans les mines, les verreries, les forges, les produits chimiques, que vous le surmeniez de travail, vous l'étiolerez davantage. Il faut rendre au gouvernement républicain cette justice que c'est celui qui prend le plus à cœur de surveiller l'enfance, en l'éloignant avant un certain âge des usines, mines, etc., où, par surcroît, il contracte souvent des vices précoces. Les communications faciles ont souvent modifié complètement une population; et de rachitique qu'elle était, elle est devenue solide, normale, parce qu'on a facilité les échanges de produits et conséquemment l'alimentation variée.

Je n'ai pas besoin de m'étendre sur la tempérance. La sobriété est la première règle à observer pour avoir de belles populations.

L'altitude complètement négligée dans les travaux de la commission de Lyon n'est cependant pas à dédaigner; et, si celle-ci en avait tenu compte, elle aurait vu que le département de la Haute-Loire, qui donne les plus mauvais résultats, dans l'examen des populations des six départements, est très élevé.

Monistrol, point le plus bas, est à 500ᵐ au-dessus de la mer, et beaucoup de villages sont à des altitudes de 7 à 900ᵐ, où les grandes céréales ne viennent plus, — et privées de communication faciles pour échanger leurs produits. Il est vrai que les chemins de fer modifient cet état de choses. On m'objectera que les Finlandais, Suédois, Écossais, Norwégiens, ne cultivent guère les céréales; mais en place ce sont des ichtyophages, et le poisson de mer surtout est un puissant nutritif.

Je termine ici par le genre de culture. Les expériences de sir Robert Warington établissent que les genres de culture peuvent modifier la qualité potable des eaux. Ainsi, un champ mis en jachère donnera par le drainage, des eaux riches en nitrate de chaux (sel nuisible). Par contre, la culture des grandes céréales, dont les racines sont très avides de nitrate de chaux, améliorera des sources, sortant de terrains primitivement en friche.

Les expériences de sir Robert Warington, expliquent pourquoi le goitre et autres maladies endémiques dans certaines localités ont disparu brusquement (tout en faisant usage de la même eau).

J'ai fini l'examen des eaux au point de vue de la potabilité; j'espère avoir démontré que les eaux sont potables pourvu qu'elles soient « fraîches, aérées et limpides » qu'elles soient douces ou non, dans les limites voulues par Belgrand.

Je vais considérer les usages domestiques; et là je prouverai que les eaux dures ne valent rien, que l'eau granitique économiserait à Lyon, en savon, linge, café, etc., 2,000,000 francs par année, soit l'intérêt de 40,000,000fr.

Après cette démonstration, je demanderai à MM. les médecins où est l'avantage de prendre les eaux dures de St-Maurice-de-Remens parce qu'elles coûteront bon marché.

Il y a un axiome qui dit : *le bon marché coûte souvent trop cher.*

EAUX POUR LES USAGES DOMESTIQUES. — S'il y a des divergences pour la qualité des eaux à l'égard de la potabilité, il n'en est pas de même pour les usages domestiques.

Là il y a une unanimité, et les eaux calcaires sont à jamais bannies ; les eaux douces sont les seules bonnes. C'est ce qui explique le rapide aban on des eaux calcaires toutes les fois que des eaux douces ont été données concurremment dans la même ville.

Je vais examiner successivement les eaux aux points de vue de la cuisine, des bouillottes des fourneaux, des soins de propreté du corps et du lavage du linge.

Cuisson des aliments. — Le fait qui suit n'est mis en doute par personne, il est classique : la chaux durcit tous les légumes, en se combinant avec la légumine, principe azoté qu'ils renferment ; les eaux douces conviennent infiniment mieux pour la cuisine. Il est vrai que rien n'empêche d'additionner l'eau calcaire destinée à cuire des légumes, de potasse ou de soude, avant chaque pot-au-feu, en quantité dosée selon la quantité de l'eau, afin de n'en pas trop mettre.

De même pour la viande, la chaux coagulant l'albumine, on a un produit plus savoureux mieux cuit, avec les eaux douces. Le thé et le café perdent à être préparés avec de l'eau calcaire (Ward., eaux de Bruxelles). A propos des eaux pour l'industrie, je montrerai que les eaux calcaires ne valent pas les eaux douces quant à la panification, le brassage de la bière et la fabrication des confitures.

Eaux de bouillottes. — Les eaux calcaires ne tardent pas à faire des tartres et des boues calcaires dans les bouillottes des fourneaux de cuisine, ce qui n'a pas lieu avec les eaux douces, lesquelles ne contiennent, pour ainsi dire, aucun sel solide.

Insignifiant en apparence, ce fait est cependant important, surtout pour la classe ouvrière. Avec des eaux douces, la mère de famille, pressée par son travail, aura toujours dans sa bouillotte, une provision d'eau chaude et propre, pouvant au besoin servir à accélérer la préparation d'un potage, d'une infusion de thé, café, etc.

Soins de propreté du corps. — Le savon étant le principal ingrédient employé pour rendre l'eau détersive, il est évident que l'eau calcaire qui le dissout mal ne vaudra jamais l'eau douce pour les soins de propreté.

Tous les lecteurs qui ont fait emploi des eaux du Furens et du Rhône, ont constaté qu'il faut beaucoup plus de savon avec celles-ci qu'avec celles-là. Les premières sont alcalines et paraissent huileuses au contact, les dernières méritent bien leur nom de crues ou dures ; outre qu'il faut plus de savon, le rinçage est plus difficile.

Quant aux bains, je ne veux certes pas critiquer les eaux du Rhône ; mais les eaux douces leur sont supérieures, en raison de leurs propriétés alcalines. Les médecins le savent bien : quel est le lecteur lyonnais à qui un médecin n'a pas conseillé de mettre dans la baignoire des cristaux de soude, afin de rendre l'eau douce en précipitant la chaux ?

Lavage du linge. — C'est ici qu'apparaît la supériorité écrasante des eaux douces et granitiques sur les eaux dures et calcaires. Quand le lecteur m'aura lu, il comprendra pourquoi toutes les villes modernes abandonnent les eaux calcaires.

Il est sous-entendu que je ne m'adresse qu'à ceux qui ne connaissent que les eaux calcaires, — et non aux Stéphanois, aux Ripagériens, aux Courre-à-Miaux (habitants de Saint-Chamond), aux Tournonaisiens et autres, familiarisés avec les eaux douces.

Le lecteur comprendra qu'une municipalité, prenant les intérêts de la classe ouvrière, doit avant tout, projets pour projets, éliminer les projets calcaires quand même à volume égal d'eau fournie pour une ville comme Lyon, ayant avec sa banlieue 400,000 habitants ; il y aurait une différence 50,000,000 de francs dans les devis d'installation en faveur des eaux calcaires.

C'est-à-dire que si 200,000$^m3$ par jour d'eau calcaire revenaient à zéro comme installation primitive, une municipalité jalouse de sa réputation, n'hésiterait pas à dépenser 50,000,000 de francs pour amener la même quantité d'eau granitique au même point, à cause du bien-être général qui en résulterait et qui se traduirait par des abonnements. Compagnie et population y trouveraient leur compte.

La commission des eaux de Lyon a rendu sa sentence en faveur des eaux archi-calcaires de Saint-Maurice-de-Remens (propriété de la Compagnie actuelle des eaux de Lyon) ; mais il n'y a pas de fausse honte à revenir sur une erreur. Tout le monde peut se tromper, même les ingénieurs (1).

En 1770, les conseillers de Paisey ont bien refusé les eaux douces, de sources gracieusement offertes par a comtesse de Glascow. Les ingénieurs avaient jugé le projet impraticable.

En 1826. il revint sur le tapis ; et le célèbre ingénieur Thom n'hésita pas à confirmer l'opinion de ses prédécesseurs. Il est vrai de dire que neuf ans après, en 1835, le même ingénieur Thom, oubliant sa première opinion, se mettait à la tête d'une Compagnie qui dotait Paisley, y compris les conseillers municipaux, des eaux pures léguées par la comtesse de Glascow. Cette révolution dans les idées avait été faite par James Stirrat, riche blanchisseur des environs, qui avait constaté les différences surprenantes ayant lieu dans l'emploi des eaux douces et des eaux calcaires, dans le blanchissage du linge, en faveur des premières.

A Lyon, il n'est personne qui ne le sache : on envoie laver le linge à Chaponost, Craponne, Vaugneray, Thurins, etc., sur les bords de l'Izeron, du Garon, rivières aux eaux douces. De même, on sait qu'à Saint-Etienne, Rive-de-Gier, les eaux, très pures du Furens et du Gier, donnent facilement du linge très blanc. On dit même que c'est dans ces pays où avec de l'eau noire on obtient le linge le plus blanc et en le moins maltraitant.

A Tournon-sur-Rhône, malgré la présence du Rhône roulant des eaux très abondantes, les blanchisseuses vont au pont du Doux, à Saint-Jean-de-Muzols laver le linge dans les eaux si pures de cette rivière, qui, à ce point de vue, mérite bien le nom de Doux.

_____

(1) Ce travail est extrait d'articles publés dans la *Gazette Libérale* de Lyon n° 1 et suivants en 1882, depuis une commission municipale a été nommée.

C'est ici le moment de parler de l'hydrotimétrie, ou méthode d'analyse des eaux qui les classe très simplement en douces ou dures.

Une dissolution alcoolique de bon savon blanc de Marseille, et non de ces savons trompe-l'œil à bas prix, qui, malheureusement, sont achetés par l'ouvrier à cause de leur bas prix apparent, est ajoutée goutte à goutte à une quantité limitée d'eau, 40 grammes ou 40 centimètres cubes. Si elle est distillée très pure, les deux premières gouttes suffiront pour la faire mousser par l'agitation, car elle dissout très bien le savon. Mais si l'eau est calcaire, plus il faudra de gouttes et plus l'eau sera calcaire et dure. Le savon se caillera sous forme de savon de chaux. La liqueur est faite de manière à ce que chaque degré indiqué corresponde à 100 grammes de savon, détruit par mètre cube d'eau, en négligeant le premier degré, qui sert pour faire mousser. Ainsi, l'eau distillée mousse à 1° que l'on compte pour zéro.

Les eaux très douces du Furens et du Gier moussent à 3° comptés pour 2, c'est-à-dire qu'elles ne détruisent que 200 grammes de savon par mètre cube.

Les eaux similaires, dont je veux doter Lyon : Eaux du Pilat (versant du Rhône), Cance, Ay, Doux, etc., sont dans les mêmes conditions. Le Rhône et la Saône, à Lyon, titrent en moyenne 16°, soit 1 kil 600 de savon détruit par mètre cube.

L'emploi de l'eau douce à bas prix à Lyon, conduirait rapidement à un résultat imprévu : l'abandon des plattes ou bateaux à laver sur la Saône et le Rhône par la création de lavoirs dans l'intérieur de la ville. La batellerie, ne verrait pas cela d'un mauvais œil, ni la classe ouvrière non plus. La mère de famille ne serait plus obligée de faire de longs trajets pour aller laver son linge ; souvent même elle pourrait faire une partie de ses lavages sur la pierre de son évier, sans se déranger et sans cesser de surveiller sa famille. Une foule de petites pièces pourraient être lavées à domicile ; seules les grosses devraient l'être au lavoir. Le bien-être et la morale y gagneraient.

En effet, si vous prenez un ménage composé en moyenne de six personnes, l'emploi de l'eau granitique donnera, dans les soins de propreté et du lavage de linge seulement, une économie moyenne de 4 francs par tête ou 24 francs pour la famille totale, soit presque le montant de l'abonnement dans une ville soucieuse des intérêts de ses administrés, et qui, comme Marseille, voudra faire grand une fois pour toute, afin de ne pas avoir à y revenir.

Les eaux archi-calcaires de Saint-Maurice-de-Remens, adoptées par la commission des Eaux de Lyon, titrent 21° 5 en moyenne ou 2 kil. 150 de savon perdu par mètre cube.

Nul doute que la commission n'ait eu en vue de prendre les intérêts de la savonnerie. Les eaux de puits allant jusqu'à 100° décomposent inutilement une quantité correspondante de savon par mètre cube, pouvant atteindre le chiffre énorme de 10 kil. et même plus.

Non-seulement le savon est décomposé, mais le produit calcaire s'attache au linge, et il faut laver et la saleté et le savon calcaire, d'où surcroît de la matière détersive, et souvent altération du linge par l'emploi forcé de moyens mécaniques et de drogues, sel de soude, chlore, etc.

En Angleterre, à Londres, où les eaux distribués par les neuf Compagnies sont sensiblement conformes à celles du Rhône, on admet que si l'on pouvait doter la population d'eau granitique, l'économie de savon serait annuellement de 10,000,000 de francs pour 4,000,000 d'habitants. Or, si l'on réduit ce calcul pour Lyon et sa banlieue, sur le pied de 400,000 âmes, on arrive à une économie de savon de 1,000,000 de francs.

A ce chiffre, il faut joindre, pour l'usure du linge, provoquée par le frottement mécanique ou les ingrédients, soude et eau de javelle, 2 fr. par tête, soit 800,000 fr. pour 400,000 habitants, total : 1,800,000 fr. par année, mettons en chiffres ronds 1,500,000 fr. que Lyon aura réalisés dans sa nouvelle transformation en distribution d'eau suivant de grandes idées et principalement au point de vue des classes laborieuses.

Jusqu'à présent, on n'a considéré que les commodités des classes aisée ; mais aujourd'hui il faut songer à l'ouvrier. Comment veut-on que celui-ci puisse s'abonner à une eau qu'on lui donne parcimonieusement à des prix élevés et de mauvaise qualité ? Il faut, au contraire, lui donner les moyens d'avoir : qualité, quantité et bas prix. Il faut qu'elle ruisselle dans les maisons à tous les étages, et alors tous s'en trouveront bien ; même la compagnie qui réalisera ces idées ; car tous s'y abonneront et au lieu d'avoir un nombre restreint d'abonnés, celle-ci en aura un nombre étonnant. L'hygiène également y gagnera : l'usage des bains pourra se multiplier dès qu'il y aura de l'eau douce à bas prix et à foison. Des masses d'eau, s'échappant journellement des maisons, entraîneront rapidement dans les canaux les détritus et miasmes de toute nature.

Je viens de montrer que l'emploi de l'eau douce économiserait à Lyon environ un million 800,000 francs par année pour l'emploi du savon et le lavage du linge, mettons un million 500,000 francs, en négligeant les économies réalisées dans la préparation du thé et du café constatée par les Anglais, selon que l'on emploie les eaux douces ou les eaux dures. Dans le prochain numéro, je traiterai l'emploi des eaux douces en industrie, et là je prouverai qu'à Lyon et aux environs les eaux douces économiseraient approximativement un million de francs par année ; soit un total de deux millions 500,000 francs pour les usages domestiques et industriels, où l'intérêt de cinquante millions de francs. Par avance, le lecteur peut tirer cette conclusion que de l'eau douce rendue dans notre ville pourra supporter dans les devis d'installation, une dépense de cinquante millions de plus que la même quantité d'eau calcaire, rendue au même point.

Le lecteur comprendra pourquoi Marseille, sous l'habile direction de Montricher, n'a pas hésité à dépenser soixante millions de francs, afin d'aller chercher les eaux douces de la Durance (6° hydrotimétriques). Et cependant, à cette époque, Marseille n'avait que 200,000 habitants ; mais son Conseil municipal a compris qu'il le transformerait, en lui donnant de l'eau en abondance. — Les événements ont justifié ses prévisions ; si aujourd'hui la ville fondée par les Phocéens est en train de devenir la deuxième ville de France, à supposer que ce ne soit fait, elle le doit en grande partie à son admirable distribution d'eau qui, sous ce rapport, la met au premier rang de toutes les villes du globe.

Usages industriels. — De même que pour les usages domestiques, la supériorité de l'eau granitique sur l'eau calcaire n'est mise en doute par personne. Sauf pour de rares emplois, dont je parlerai plus loin pour être impartial.

La Commission des Eaux de Lyon l'a bien compris. Aussi dans le rapport technique de M. Delocre, ingénieur distingué des ponts et chaussées, a-t-elle admis en post-scriptum, sur les réclamations de M. Villette, teinturier, de donner la liberté aux industriels, de pouvoir se syndiquer pour amener des eaux douces, de n'importe où, à leur convenance. — Soit deux canalisations pour Lyon, une calcaire et une granitique.

A première vue cette solution paraît très pratique et très libérale, et le tout premier je l'ai approuvée. Mais en y réfléchissant, on arrive à trouver que si l'intention est bonne, l'application est impossible, si ce n'est un leurre.

Les industriels n'occupent pas le centre de Lyon, mais bien la banlieue. Outre les frais de barrages dans les montagnes lyonnaises, d'aqueduc spécial, il y aurait une énorme canalisation, enserrant tout Lyon, si l'on ne veut point faire de jaloux, en donnant de l'eau à tous, aussi bien à Vaise qu'aux Charpennes, à Saint-Fons, etc. Or les frais seraient tels, que l'eau ne pourrait être donnée qu'à des prix très élevés, auxquels les industriels ne souscriraient pas.

Maintenant qu'entend la Commission des Eaux de Lyon par industrie? où commence l'emploi de l'eau industrielle? Je prétends que cela sera fort difficile à délimiter, et qu'alors, tout Lyon pourra s'abonner aux eaux granitiques. La Cⁱᵉ d'eau industrielle pourra faire passer ses tuyaux dans toutes les rues ; il est alors certain qu'il se passera à Lyon ce qui s'est passé ailleurs et que les eaux calcaires seront délaissées.

Rien n'empêche d'ailleurs à n'importe quelle société, de provoquer pour l'eau, ce qu'une Cⁱᵉ fait en ce moment pour le gaz, de donner de l'eau granitique, le long des voies nationales qui sillonnent Lyon, et qui sont propriété de l'Etat, et par conséquent en dehors du monopole de la Cⁱᵉ actuelle.

Je vais démontrer que la délimitation des eaux d'industrie ou de domesticité, est impossible à faire — en suivant les industries pas à pas, grandes et petites.

A tout seigneur, tout honneur — La teinture vient en tête ; jadis les eaux du Rhône très bonnes pour l'application des couleurs de bois de teinture et la charge des soies, suffisaient à tout ; mais aujourd'hui les progrès de la teinture, l'emploi des couleurs d'aniline, un plus grand usage du savon, la création du genre dit : *souple*, font que Lyon, n'est plus à la hauteur par rapport à ses eaux, et que St-Etienne et St-Chamond, lui enlèvent ses teintures en grande partie. Si cela continue, il arrivera un fait étrange, c'est que Lyon, première ville de teinture, enverra teindre ses soies, ses cotons, ses laines, à St-Etienne et à St-Chamond.

Mais que Lyon, ait les deux eaux, granitiques et calcaires, il deviendrait sans rival. Or, rien n'oblige nos teinturiers à démonter leurs pompes donnant l'eau calcaire, indispensable pour les couleurs de bois et la charge.

J'ai d'ailleurs traité dans mon ouvrage *Teinture de la Soie*, 1876, de la question des deux eaux, page 34, de même c'est la première fois que le Doux de Tournon est mis en évidence.

Les imprimeurs sur étoffes rentrent dans la même catégorie ; il leur faut des eaux douces pour les rinçages de savon, les genres garancés, et les eaux calcaires pour les enluminés,

Les apprêteurs, les laveurs de laine, apprécient les effets de l'eau douce. Ainsi la même laine lavée dans la Loire à Orléans, et dans le Rhône à Lyon, donnera des couvertures plus douces, et plus blanches dans les eaux pures, et se vendant plus cher. De même les apprêts sont plus moelleux quand les gommes, mucilages et autres ingrédiens sont préparés à l'eau granitique.

Je passe pour mémoire sur tous les propriétaires de chaudières à vapeur. Plus de tartres avec les eaux douces, plus de dangers de coups de feu, plus d'arrêts pour piquer les chaudières.

J'ai fini avec la grande industrie, celle comprise probablement par la Commission des eaux de Lyon, et je vais aborder l'industrie ordinaire.

Il y a d'abord le brassage de la bière. Le carbonate de chaux est l'ennemi du maltage, les brasseurs font bouillir l'eau pour l'épurer, le carbonate de chaux monte sous forme d'écume.

Les observations consignées dans Ward (eaux de Bruxelles) démontrent que la panification est bien supérieure avec les eaux douces.

Puisque l'eau calcaire ne vaut rien pour cuire les légumes, il est évident que les restaurateurs, hôteliers suivront l'exemple des boulangers et abandonneront l'usage des eaux calcaires.

De même, les fabricants de pâtes alimentaires trouvent une supériorité dans les eaux douces.

Les confiseurs savent tous, aussi bien que les chimistes, que la transformation des matières pectiques des fruits en gelée, est retardée par l'emploi des eaux calcaires, d'où la nécessité de mettre un peu de cristaux de soude, pouparer à cet inconvénient avec les eaux calcaires.

Les photographes et les pharmaciens qui ont besoin d'eau distillée, pour leurs préparations délicates, n'auront pour ainsi dire plus besoin de se donner l'ennui de la distillation. En effet, les eaux douces des Cévennes sont au moins égales en pureté aux eaux distillées une seule fois, comme le sont celles du commerce. J'en ai trouvé, qui tiraient encore 3° à 4° hydrotimétriques.

Les lavoirs publics et les baigneurs n'hésiteront pas à délaisser les eaux calcaires, et surtout celles archi-calcaires de Saint-Maurice-de-Remens.

Je pourrai citer encore de nombreuses applications industrielles on pouvant être considérées comme telles ; mais je vais terminer par cette simple question, que je pose à l'ex-Commission des eaux de Lyon.

Pourra-t-on empêcher de s'abonner à l'eau douce n'importe qui, toutes les fois qu'il s'agira de l'emploi du savon? J'en doute.

Mais alors, les hôpitaux, les coiffeurs, les hôtels meublés, dans l'intérêt ne leurs malades on de leurs clients, n'iront jamais prendre les eaux calcaires.

C'est là que j'attends la réponse des membres de l'ex-Commission ; pourra-t-on empêcher les ménages d'ouvriers, de bourgeois, de s'abonner à la Compagnie industrielle d'eau douce au point de vue des savonnages, du lavage des petites pièces à domicile. — Par le fait, c'est de l'industrie. — Et maintenant, pourra-t-on empêcher ces mêmes ouvriers et bourgeois de cuisiner avec cette eau et d'en boire?

Dans le cas où tous pourraient à titre d'industrie prendre de l'eau douce, la Compagnie, donnant des eaux archi-calcaires, serait bien malade; le bon sens public aurait vite fait justice du rapport de l'ex-Commission des eaux, et Lyon suivrait le mouvement du progrès, au lieu de reculer d'un siècle.

Je sais bien que la Compagnie actuelle n'entend pas que des lavages se fassent à domicile. C'est un tort.

Dame, l'eau est rare, il faut la ménager; l'essentiel est que l'on paie l'abonnement. Pour le reste, dérangez-vous, allez aux plattes qui sont sur le Rhône et la Saône. Que la mère de famille, je parle de la classse ouvrière, perde une demi-heure pour y aller, une demi-heure pour en revenir, quelquefois une heure pour attendre sa place, cela importe peu.

D'ailleurs, le dimanche est là; et, après avoir travaillé toute la semaine, elle va se distraire au lavoir, en laissant souvent de nombreux enfants, se débarbouiller comme ils le pourront. Tandis que si elle avait de l'eau en abondance, sur la pierre de l'évier, tous les jours, sans y faire attention, elle pourrait tenir son linge en bon état.

Je termine ici les usages industriels, par l'économie réalisée par les eaux douces. Rien que la teinture économiserait de 6 à 800,000 k. de savon par année; si à cela on joint l'usure des chaudières à vapeur, avec l'emploi des eaux calcaires, les frais pour les piquages, la dépense en plus en charbon, lorsque les chaudières sont entartrées, etc., on arrivera aisément à l'économie indiquée de 1,000,000 de francs par année.

Joignons-y le fait que l'on retiendra la teinture, qui tend à s'implanter sur les bords du Gier et du Furens.

Je devrais terminer ici les études générales et aborder la partie technique de mon projet, — Les eaux des Cévennes à Lyon. — Mais après réflexion, je vais traiter de deux sujets, rentrant dans les généralités. — A quelle altitude faut-il rendre l'eau à Lyon? — Quelle quantité d'eau faut-il pour une ville comme Lyon?

Si je m'étends sur les généralités, c'est qu'elles sont les bases du projet; et, lorsque la partie technique de celui-ci viendra, le lecteur édifié comprendra pourquoi on peut, dans une ville comme Lyon, imiter Marseille et faire grand, au lieu de faire mesquin, comme le veulent la Commission et un vieil esprit de lésinerie dont il faut que Lyon se débarrasse, s'il veut rester la deuxième ville de France.

A quelle altitude l'eau doit-elle être rendue à Lyon? — Dans le concours ouvert à Lyon, pour cette question des eaux, nous sommes actuellement douze concurrents: souhaitons d'en rester là.

Les douze projets peuvent se classer en deux classes: Eaux granitiques, trois auteurs. Eaux dures, neuf auteurs.

Les eaux calcaires, par suite de la configuration du terrain, arrivent toutes à de basses altitudes, 40 mètres au-dessus du sol de la basse ville, et cent mètres en moyenne au-dessous des hauts plateaux,

De deux choses l'une : ou l'on sacrifiera avec ces eaux les hauts plateaux, où il faudra avoir recours à de puissantes machines pour donner l'eau en quantité convenable à Fourvière, Saint-Just, Saint-Irénée, la Demi-Lune, la Croix-Rousse.

Déjà pour la basse ville, l'altitude est à peine suffisante pour donner de l'eau avec une pression convenable, aux étages élevés. C'est dire que par l'emploi des eaux calcaires, rendues aux cotes de 207 à 210m (Lyon est à 170-172m). Ce serait comme si l'on n'avait rien fait.

Les eaux granitiques arrivent à des cotes *ad libitum*, de 3 à 400 m. Elles peuvent desservir non seulement la basse ville, mais les hauts quartiers par la simple chute. — Croix-Roussiens si vous voulez de l'eau, méfiez-vous des projets, qui la donnent à 60m au-dessous de votre plateau.

En somme tous les projets granitiques réaliseraient les manières de voir des anciens Romains dont les aqueducs, par leur débris à Chaponost (335m), attestent qu'ils s'entendaient en matière d'hydraulique ; que c'est au-dessus d'une ville qu'il faut amener l'eau et non à la base, quand le terrain s'y prête comme cela a lieu pour Lyon.

Loin de nécessiter des machines pour élever l'eau avec les projets granitiques, l'inverse aura lieu, et l'eau desservant la basse ville, pourra créer de puissantes chutes.

De cette différence, je démontrerai plus tard que l'on réalisera plus d'un de million, en faveur des eaux douces.

Nous avons déjà 2,500,000 fr. plus 1,000,000 fr. ; cela fera 3,500,000 fr. par année soit l'intérêt de 70,000,000 fr. annuellement.

Quelle doit être la quantité d'eau à fournir pour une ville comme Lyon ? — C'est là une question bien difficile à résoudre d'une manière absolue. Les uns disent 200,000 mètres cubes par jour, d'autres 600,000.

Comme nuls ne s'appuient sur des raisonnements irréprochables, on traite les chiffres élevés, principalement, de fantaisistes.

J'ai cherché dans les exemples des cités anciennes et modernes ; et là j'avoue que je n'ai rien trouvé de catégorique. — Jadis, l'antique Rome recevait, par quatorze aqueducs, 2,400,000 m par jour pour une population de 4.000.000 d'habitants, soit 600 litres par tête d'habitant et par jour ; ces masses d'eaux s'écoulaient ensuite par la *cloaca maxima*, gigantesque égout datant de Tarquin l'Ancien, qui subsiste encore.

Lugdunum, pour une population de 60,000 habitants, recevait 80,000 m3 par jour. et par quatre aqueducs se soudant à Saint-Irénée, soit environ 1,400 litres par tête et par jour. (Aqueducs du Mont-d'Or, de la Brevenne, de Craponne et du Pilat.)

Seule de nos jours, la ville de Marseille peut rappeler Lugdunum. Le canal de la Durance lui amène 600,000 m par jour, pour une population d'environ 400,000 habitants ou 1,500 litres par tête et par jour. Avant peu on portera les 600,000 m. à 800,000. (La banlieue est comprise.)

Je ne parle pas de Paris ; malgré tous les efforts faits en sa faveur, c'est la ville moderne la plus mal dotée, comme qualité et comme quantité. Les obstacles naturels s'opposent à une distribution sérieuse.

Quand Manchester aura fini son travail de la Thirlmère. il aura 300.000m par jour, environ 600,000 habitants, ou 500 litres par tête.

Si l'on suit, à Lyon, Marseille, il faudra au minimum 400,000^m par jour pour commencer par une population de 400,000 habitants.

Marseille doit être prise comme ville modèle pour sa distribution d'eau. Sous l'habile direction de Montricher, les eaux de la Durance après 90 k. d'aqueducs, comportant 3 longs tunnels, et le magnifique pont de Roquefavour le plus grand pont-aqueduc des temps passés et actuels, arrivent à Saint-Antoine, territoire de Marseille ; de là elles forment un réseau de canaux arrosant la banlieue de Marseille (environ 300 k. de canaux) et desservant à partir de Longchamps, Marseille lui-même. C'est ainsi qu'on s'explique la masse d'eau qui arrose Marseille. Sa banlieue a été transformée, et il est certain que maintenant Alexandre Dumas père, n'aurait pas l'occasion d'écrire l'histoire du lac de Cuges dont l'apparition à la suite d'une pluie d'orage, faillit révolutionner tout Marseille.

Donc il faut qu'à Lyon, les eaux granitiques arrivent en masse, à un point quelconque du territoire lyonnais, au pieds des montagnes lyonnaises et de là, Lyon montrant qu'il est à la hauteur de Marseille doit créer un vaste système d'irrigation pour toute sa banlieue supérieure. Pour cet emploi 160,000^m suffiront et au-delà.

Dans les mois froids, cette eau d'arrosage deviendra inutile ; mais alors, elle pourra créer de puissantes chutes, qui serviront à éclairer Lyon à la lumière électrique. Il y aura équilibre entre ces deux emplois. Arrosage dans les grands jours, éclairage dans les petits.

Quant à la quantité d'eau nécessaire pour la ville même, elle doit être d'environ 600 litres par tête et par jour, soit 250,000 mètres, y compris les besoins de l'industrie et de la voirie.

Ce chiffre est basé sur celui de Manchester. L'abondance de l'eau entraînera forcément une grande amélioration dans les constructions de Lyon : c'est celle de la suppression des fosses d'aisances.

En effet, du moment que l'eau sera abondante, on ne voudra plus avoir — lecteurs, permettez-moi de parler un peu terre à terre — ces lieux d'aisances, répandant dans les maisons une odeur infecte; on les lavera à grande eau et la conséquence de cette mesure hygiénique sera que les matières fécales, réunies dans les fosses, n'auront plus de valeur et ne vaudront pas le transport, d'où la nécessité d'envoyer tout à l'égoût.

Les fosses seront remplacées par un simple tuyau collecteur, récoltant les matières fécales, les eaux vannes et les eaux de pluie, terminé par une grille avant son arrivée à l'égoût. Des flots d'eau, circulant constamment, jour et nuit, ne permettront pas aux odeurs de se développer ; car dans les 12 heures, et même dans les 6 heures, tout sera emporté hors de Lyon, dilué dans des masses de liquide.

Les égoûts de Lyon deviendront la tête du canal Dumont, et iront fertiliser les bord du Rhône en aval, à moins que par un nouveau système de canalisation fermée Lyon ne veuille garder ces richesses pour sa banlieue.

Le chiffre de 600 litres par tête a été reconnu suffisant et au delà pour délayer les matières fécales fraîches. (Encore une fois lecteurs, pardon de ces détails.) Ce n'est que lorsqu'elles ont fermenté qu'elles deviennent ammoniacales, c'est-à-dire au bout de plusieurs jours, ce qui a lieu dans le système des tinettes, fonctionnant pendant quelque temps, et qui n'est rien moins qu'absurde.

De même les germes infectieux en cas d'épidémies, perdent de leur importance, s'ils sont rapidement délayés dans des flots d'eaux, tandis qu'ils pullulent à l'infini s'ils sont recueillis dans des fosses, à capacités restreintes où ils sont dans d'excellentes conditions de reproduction, trouvant la nutrition, la température voulue et la tranquillité.

Ces dernières données sont dues à des médecins allemands. A côté de leurs considérations, il y en a une autre, c'est celle de la présence dans les eaux des canaux, des eaux industrielles de teintures ou de produits chimiques, qui fortement minéralisées agiraient comme antiseptiques.

Je ferai remarquer que l'arrosage de la banlieue de Lyon, a bien moins d'importance que celle de Marseille, aussi je ne retiens que celle des plateaux supérieurs, et pour 4 mois seulement, tandis qu'à Marseille, on arrose pour ainsi dire en toute saison.

Quant à la banlieue de la rive gauche du Rhône, il est inutile de songer à faire concurrence pratiquement à des pompes à feux, ou aux manéges des maraichers, puisant l'eau dans la nappe souterraine.

L'eau nécessaire pour les quatre ou cinq mois d'arrosage ne revient pas à plus de un franc le mètre pour, ce laps de temps. Il y aurait d'ailleurs intérêt pour soulager les canalisations dans les rues de Lyon, pour ce service éventuel, de créer une usine hydraulique spéciale ou de demander au projet de M. Michaud, la déviation des marais de Platacul et Cheyssin, pour arroser toute la banlieue, Parc de la Tête-d Or compris, en dehors de l'octroi de Lyon, rive gauche du Rhône.

ETUDES HYDROLOGIQUES DES EAUX DE LYON

§ II

ÉTUDE DU TRACÉ

Dans le paragraphe précédent, je crois avoir démontré suffisamment la supériorité des eaux granitiques sur les eaux calcaires. — Qu'il me soit permis avant d'aller plus loin de rendre hommage à mes regrettés professeurs Drs Bineau, Fournet et Lembert. — Depuis leurs leçons et nos excursions géologiques, des circonstances heureuses ont voulu que je m'occupe spécialement d'études hydrauliques, et ont fait que je connais une partie de l'hydrologie de l'Europe et quelque peu des autres continents.

Ma devise est: *Fais ce que dois, advienne que pourra*, mes travaux auront-ils de l'intérêt pour Lyon? je l'ignore, dans tous les cas ils auront servi à la ville de Roanne, si j'en juge d'après les lettres de MM. les Drs Ruillet et Coutharet, de Roanne, le premier, Conseiller général de la Loire, président de la Commission des eaux de Roanne, barrage de la Madeleine (Lettres de septembre 1883), le second major honoraire des hôpitaux de Roanne (Lettres de octobre 1883). — Et maintenant si je succombe, je pourrai dire : *tout est perdu fors l'honneur* ; le projet du Doux, de la Cance et de l'Ay, etc. eaux des Cévennes à Lyon est peut-être le seul nouveau du concours des eaux de Lyon, dans tous les cas, c'est le seul qui ne lèse pas les riverains, ni la batellerie, loin de là il augmente le débit d'un fleuve en faisant tomber les eaux d'orages, venant troubler le Rhône à Tournon, une fois aménagées à Lyon. Les torrents de l'Ardèche ont des crues terribles, régularisées, ces crues augmenteraient à Lyon le débit du Rhône de 5m à la seconde, d'une manière permanente.

Mais si les eaux si pures précitées rendues à Saint-Irénée rendront d'incontestables et immenses services à la ville de Lyon en ramenant la teinture dans ses murs, il ne faut pas se le dissimuler, il y a de très grandes difficultés à vaincre, et de très grands sacrifices à faire comme argent. — Cela est d'ailleurs commun à tous les projets granitiques, à ceux de la Loire comme à celui des Cévennes du Rhône.

Dire le contraire ce serait se leurrer ou prouver que l'on ne connaît pas les lieux où l'on passe, que l'on ne connaît pas ces pays de roches éruptives, aux vallons profonds, tourmentés, etc. ou que l'on foule aux pieds les lois de l'hydraulique.

De même pour les barrages et, pour assurer un jour 400,000^{m3} et par vingt-quatre heures, il faudra de nombreux barrages étagés, et j'entrevois malgré les conditions heureuses dans lesquelles ces derniers peuvent se construire, une dépense de vingt millions. — Il ne faut pas se faire des illusions trompeuses, on n'emmagasine pas des masses d'eaux pareilles dans un ou deux réservoirs, que ce soit sur les bords de la Loire ou du Doux.

Egalement pour la canalisation dans les rues de Lyon, elle est toute à refaire, et nécessitera une dépense d'environ dix millions, que je laisserai de côté, attendu qu'elle est commune à tous les projets, voulant donner de pareilles quantités.

Je me contenterai donc simplement de faire le devis de l'eau des Cévennes, rendue à Saint-Irénée, point central, dominant Lyon, et non à Chaponost, qui en est à cinq kilomètres à vol d'oiseau par n'importe quel tracé. — Je vais maintenant développer ce que j'ai appelé un tracé progressif. C'est-à-dire, permettant de capter au fur et à mesure des besoin, en allant de Saint-Irénée au Doux, en prévoyant l'avenir. — Ce tracé sauf des modifications a paru dans la *Gazette Libérale* de Lyon. nos 9 et suivants, année 1882.

On m'a reproché certaines indécisions et variations, dans mes études, mais quand le lecteur m'aura suivi avec les cartes d'Etat Major au 1/80,000 il me comprendra et m'excusera. Par moment j'ai eu peur de la hardiesse de mon projet, j'ai craint de lancer la ville de Lyon dans des aléas redoutables, connaissant la topographie des lieux si tourmentés, où passent mes aqueducs. Cette partie de la France que l'on nomme « la France bossue », si belle pour les touristes, mais si redoutable pour les ingénieurs. Oui les vallées du Furens, de la Sumène, du Lignon du sud, du Doux, de l'Ay, de la Cance, du Gier et ses affluents sont pittoresques, mais elles font le désespoir des ingénieurs.

Dans mes études je vais aller pas à pas de Saint-Irénée aux bords du Doux.

1º *Réservoirs de Saint-Irénée.* — S'il est possible de s'entendre avec le génie militaire je propose d'établir à Saint-Irénée, un réservoir d'équilibre de 70^m de long sur 60 de large, avec piliers et voûtes d'arêtes gazonnées en dessus, à la côte de 316 à l'arrivée et de 310 au radier, d'une capacité d'environ 20,000^{m3} avec poste télégraphique le reliant au Chazotier sur Yzeron, avec lequel il communiquera, tous les travaux étant finis, par trois syphons pouvant débiter 450,000^{m3} par jour. J'en estime le coût à 500,000 fr. tout compris, ventellerie, poste télégraphique, maison de garde, etc.

De là, les eaux desserviront tout Lyon, sauf Vaise et la Mulatière, Oullins, Saint-Fons, desservis par des canalisations spéciales. Les eaux rendues à cette altitude pourront créer des forces motrices à domicile, même à la Croix-Rousse, ou, en brisant la pression pour la basse ville, créer une puissante force unique pouvant servir à l'éclairage électrique de Lyon, ceci est à discuter. Dans ce dernier cas, il faudrait créer un réservoir à la cote de 230 au radier à la montée des Génovéfains, d'environ 20,000^{m3} également, je le néglige dans ce travail, il serait commun à tous les projets granitiques.

2° *Réserves de Chazotier sur Yzeron.* — Au pied de Maison-Blanche, route de Bordeaux, il existe une vallée très facile à barrer, et qui constituera la clef de l'aqueduc des Cévennes. A la cote de 213 élevons un mur de 35^m de haut, soit 348 à la crête selon les données des barrages (Travaux de M. Delocre, sur le barrage de Rochetaillée), on recevra d'abord les eaux du haut Yzeron provenant d'un bassin de 3,000 hectares, ou d'après les données vues précédemment 24,000^{m3} par jour, sur lesquelles, on réservera 4,000^{m3} pour les riverains d'aval, puis plus tard, il recevra les eaux du Garon et des Cévennes, qui s'en échapperont à la cote de 332^m pour aller à Saint-Irénée, il y aura un magasin d'eau de la cote de 332 à celle de 348 de 16^m de haut, pouvant emmagasiner 2,000,000 de mètres cubes, provenant soit des crues de l'Yzeron, puis du Garon et de l'aqueduc des Cévennes. Et c'est de ce gigantesque réservoir sous le feu du fort de Bruissin, que grâce à un poste télégraphique relié à celui de Saint-Irénée, l'on modérera ou ouvrira les vannes d'échappement selon les besoins de ce dernier réservoir.

J'estime le coût de ce réservoir de grandes dimensions à 2,000,000 de fr. murs, expropriation, tunnel d'accès pour les vannes, vannes, tout compris.

3° *Barrage du Pont Chabrol.* — Avant de voir comment nous ferons communiquer la réserve du Chazotier avec le réservoir de Saint-Irénée, voyons comment nous desservirons Francheville, la Mulatière, Oullins, Saint-Fons, etc.

En aval du Chazotier, au Pont-Chabrol sur Yzeron, barrant la vallée, en rectifiant la route de Craponne à Brindas, qui passera sur le mur du barrage établi cote inférieure 220^m, cote supérieure 260^m, on facilitera les communications de ces deux communes, et en cas de guerre, les évolutions d'un corps d'armée de Bruissin à Mont-Verdun. On captera les eaux de 2,000 hectares et plus, en dessous de Chazotier. Ce qui nous fait pour ces deux barrages un total de 5,000 hectares ou 40,000 ^{m3} par jour. Le barrage de Pont-Chabrol recevra de plus les excédants des eaux des Cévennes et de Garon, quand celui du Chazotier débordera.

Les eaux s'en échapperont à la cote de 230^m, la capacité en est d'environ 1,500,000^{m3}. En suivant le lit de l'Yzeron, elles iront desservir Oullins, la Mulatière, puis Saint-Fons, la Mouche, etc., en passant par le pont projeté du chemin de fer de ceinture sur le Rhône. Il est bien évident, qu'il est inutile de faire passer l'eau de ces localités par Saint-Irénée.

Quant aux forces motrices, nous sommes en présence de grandes usines, où l'on ne pourra faire concurrence aux machines à vapeur.

J'estime le coût de ce barrage à 1,500,000 fr. tout compris. Ainsi, dès maintenant, nous avons sur l'Yzeron seulement, une provenance journalière de 40,000^{m3}. Je néglige la canalisation du Pont-Chabrol à Saint-Fons, attendu qu'elle rentre dans les 10,000,000 de remaniement dans les rues, de même que celle de Vaise, que l'on verra plus loin.

4° *Du Chazotier à Saint-Irénée.* — A vol d'oiseau, il y a 10 kilom. 300^m, mais en suivant les nécessités du terrain, il y a 10 kilom. 800 à franchir en syphons, plus longs que par le tracé de Chaponost, mais moins difficiles à établir. Le tracé offre une légère courbe dont la convexité est tournée vers les montagnes lyonnaises, en prenant par le Pont-d'Alay. Il faudra exproprier une bande de terrain, pouvant porter un jour quatre syphons de 1^m 40 de diamètre dans œuvre, ayant 10 mètres de large, environ 110,000^{m2} à 2 fr. le mètre en moyenne, soit — 220,000 francs.

De plus du lieu dit Bel-Air à Etoile d'Alay il faudra rectifier la route de Bordeaux au Pont-d'Alay sur le ruisseau de Charbonnières, de manière à franchir ce ruisseau à la cote de 220^m pour n'avoir qu'une charge maximum de 100^m sur les syphons au point le plus bas, au lieu de 150 sur les ruisseaux d'Yzeron à Beau Nan et Garon, aux ruines des aqueducs romains. J'estime le coût de cette rectification à 300,000 francs.

Pour débuter un seul syphon suffira, plus tard trois et même quatre seront nécessaires. A trois, ils pourront débiter 450,000^{m3} par jour d'après les données suivantes :

$$V = \left(53.59 \times \sqrt{\frac{D \times J}{4}} - 0{,}025\right) \times \pi\, R^2 \times 86{,}400.$$

53, 59 = rapport expérimental.
V = volume par jour.
D = diamètre des tubes.
F = pente par mètre, adoptée dans ce travail pour 0,0015 par mètre.
π = rapport du diamètre à la circonférence.
R = rayon des tubes (0,708640 = nombre de secondes par jour.

Le volume sera d'environ 155,000^{m3} par jour, mettons 150,000 en chiffres ronds, d'où 450,000 pour trois syphons, le travail fini.

Le prix de revient s'établira d'après l'épaisseur moyenne des syphons. De 0,005 dans les parties supérieures, elle devra être portée, pour la partie inférieure, d'après la formule :

$$E = \frac{D \times H}{60} = \frac{1.40 \times 90}{69} = 0.021.$$

60 = rapport expérimental.
E = épaisseur.
D = diamètre 1,40
H = hauteur, déduction de la vitesse du courant.
L'épaisseur moyenne sera donc d'environ 0,013.

D'où, prix par mètre linéaire P.

$$P = 1,41 \times \pi \times 0,013 \times 8 \times 60.$$

1,41 = diamètre moyen des tubes.

π = rapport du diamètre à la circonférence.

0,013 = épaisseur moyenne.

8 = densité exagérée du fer à cause des rivets.

60 = prix par cent kilog. des tubes tout posés, en fer, attendu que les eaux granitiques rongent la fonte.

Environ 270 fr. le mètre linéaire ou pour 3 syphons représentant ensemble 33 kilom. une dépense, tout posé, de 8,900,000 francs environ.

En résumé la canalisation finie du Chazotier à Saint-Irénée représentera une dépense totale de 9,420,000 fr., en chiffre, ronds 9,500,000 fr. pour trois syphons travaillant, au point le plus bas, à 9 atmosphères au lieu de 14 à Beau Nan et sur le Garon aux aqueducs romains.

5º *Service de Vaise*. — A Etoile d'Alay, le premier syphon établi enverra un embranchement par la route de Bordeaux à la Demi-Lune, de manière à desservir tout son parcours, jusqu'à Vaise, voir même Serin, en passant par le pont de Serin, on soulagera ainsi les canalisations de Lyon, de même qu'on l'a vu pour l'embranchement du Pont-Chabrol.

5º *Tunnel de l'Yzeron au Garon*. — Le barrage du Chazotier forme, au lieu dit Chatanié sur sa rive droite, un golfe assez profond, du fond de ce golfe à la côte au radier, établissons un tunnel de 3 k 500 allant à Avaron sur Garon, dans les dimenssions de 3m au radier, plat, avec Pied-droits de 3m et une voûte surbaissée de 1m de corde, revenant tout muraillé, revêtu d'un enduit de chaux hydraulique et d'une chappe en ciment au prix de 800 le mètre, soit à 2,800,000, c'est par ce tunnel, que tomberont dans le barrage du Chazotier les crues du Garon, puis les eaux des Cévennes, la pente sera de 0m 0002 par mètre. C'est d'ailleurs la pente que j'adopte pour tous mes tunnels et galeries suivant les courbes de niveau.

L'entrée dans le tunnel sera donc au radier de 348m 70 et à son débouché dans le barrage du Chazotier de 348m, les eaux troubles des crues du Garon se clarifieront dans le golfe du Chanié.

6º *Barrage de Gavache sur Garon, en amont de Malataverne.* — Ce barrage a pour but de faire refluer à un niveau constant le Garon. Il aura 20m de hauteur au minimum et 22 dans les crues. Il coûtera environ 1,000,000 fr. tout compris, mur, expropriation, etc. Il formera deux golfes celui d'Avaron par où s'échapperont les eaux pour aller dans l'Yzeron, au Chazotier (rive gauche), et une sur la rive droite, recevant à la cote de 350m les eaux des Cévennes. Il tiendra environ 1,000,000 de mètres et captera les eaux d'environ 5,000 hectares, soit encore 40,000m3 à ajouter à ceux déjà captés au Chazotier, total : 80,000m3 par jour, en réservant les droits des riverains mettons 60,000.

Notons en passant, qu'un service télégraphique devra relier tous ces barrages, et en régler le débit, car ma longue expérience et mes fréquents voyages dans ces régions, m'ont permis de constater, qu'un orage terrible peut s'abattre dans une vallée pendant qu'il ne tombe pas une goutte d'eau dans la voisine, à plus forte raison à 20 ou 40 kilomètres.

7° *Tunnel d'Orliénas.* — 2 k. de tunnel, ou mieux galerie d'axe, de 2ᵐ sur 2ᵐ 50 dans œuvre, nous conduiront à la rencontre des ruines des aqueducs romains près d'Orliénas, j'en estime le coût, tout fini, à 600 fr. le mètre, total : 1,200,000 francs.

Nota. — Tous les tunnels ou galeries d'axe, dont il sera question dans ces travaux sont faciles à attaquer par des puits variant de 20 à 100ᵐ, ou par des affleurements. A Orliénas nous serons à la cote de 350ᵐ 40.

8° *Tunnel de Le Molard sous Saint-Laurent d'Agny.* — Longueur 2 k. 700 à 600 fr. = 1,620,000 fr. — Altitude au radier à l'entrée 350,60.

9° *Courbe de niveau de Le Molard à la Rousselière* (Commune de Tactaras sur Gier) Longueur 11 k. en galerie couverte, section analogue, de même la pente à celles des galeries d'axe. — J'en estime le coût à 2,200,000 fr. à 200 fr. le mètre, prix adopté pour toutes les galeries suivant les courbes de niveau, y compris les ponceaux pour traverser des ruisselets, ou des déblais n'excédant pas 4ᵐ au-dessus des clefs de voûte. A la Rousselière, l'eau entrera au radier à la cote de 353ᵐ.

10. *Passage du Gier, Syphons de la Rousselière à Châteauneuf, rive droite du Gier.* — 3 syphons de 1ᵐ 40 de diamètre, pente, 0,0015 par mètre, flèche sur Gier 160ᵐ longueur développée, pour un environ 3 k. ou 9 k. pour les 3. — Epaisseur moyenne 0,020. — Prix de revient du mètre linéaire tout posé environ 430 fr. ou total pour un débit de 450,000ᵐ³. = 3,870,000 fr., mettons 4,000,000 fr. — L'entrée dans les syphons se ferait à la cote de 355ᵐ.
A Châteauneuf nous sommes sur les flancs du Pilat après 32 k. 200 de travaux d'art de Saint-Irénée.

11° *De Châteauneuf aux Hayes (Condrieu)* en suivant la courbe de niveau de la rive gauche du Mézerin, et le col de Champ du Pilat, on arrive aux Hayes sur Condrieu après un parcours de 10 k. en galerie simple à 200 fr. le mètre — soit 2,000,000 fr., on évite ainsi de contourner l'éperon du Pilat s'avançant sur Givors et l'on franchit cet imposant massif sans tunnel. — L'entrée dans la galerie est au radier à les Hayes à 355ᵐ.

12° *Des Hayes aux bords de la Cance, à 5 k. en amont d'Annonay.* — Galerie suivant les courbes de niveau, de manière à couper tous les ruisseaux, y compris la Deaume, à niveau ou avec de faibles ponteaux. — Longueur 40 k. 000ᵐ × 200 fr. = 8,000,000 francs. Entrée sur les bords de la Cance, au radier, à la cote 263ᵐ.
Sur la Cance on pourra faire des captages que je comprends dans les

grands captages avec ceux de l'Ay et du Doux — pour une somme de 20,000,000 de barrages représentant les eaux de plus de 60,000 hectares pour ces trois torrents, soit environ 480,000m3 dans les années très sèches. — D'où en réservant les droits des riverains, ces trois torrents, assureront à Lyon plus de 400,000m3 par jour.

La Cance ne dessert pas comme on le croit Annonay, elle passe en contrebas, au pied de la rue de Tournon. — Le barrage d'Annonay est desservi par le Ternay affluent de la Deaume descendant de Bourg-Argental. Le Ternay vient de Saint-Julien-Molin-Molette.

Quant aux usines de Villevocance sur Cance, on pourra dériver les eaux sales par des tubes en poterie.

13° *Des bords de la Cance à l'Ay.* — Après 3 k. de courbe de niveau $\times$ 200 $=$ 600,000 fr., et 6 k. de tunel à 600 fr. $=$ 3,600,000, on débouchera sur les bords de l'Ay, à la cote de 365m à l'entrée, au point marqué 60' au nord sur la feuille de Valence.

14°. *Captage du Doux.* — A la Chaux-sur-Doux à la cote de 350m on établira un barrage de 30m de haut, faisant refluer les eaux ramassées dans les bassins supérieurs, jusqu'au pied de La Mastre à 7 kilom. en amont : ce barrage est compris dans les 20,000,000 de francs.

Les eaux s'échapperont de ce barrage à la cote de 368m soit 12m de réserve au plan d'eau supérieur, de là elles se dirigeront en galerie couverte. 1 kilom. 500 sur Arlebosc, puis en ligne droite 13 kilom. 500 tunnel sur l'Ay. — Je compte la galerie au prix du tunnel, vu la longueur de celui-ci, d'où 15 kilom. à 600 fr. $=$ 9,000,000.

15° Relativement aux syphons sur Gier, il serait peut-être convenable d'établir un pont métallique sur le Gier, pour diminuer la flèche des syphons et réduire l'épaisseur des tubes dans le fond de la vallée, de 0,035 à 0, 021, et éviter les accidents pouvant résulter de ces énormes pressions.

RÉSUMÉ

———◆———

Une fois le projet progressif, captant successivement l'Yzeron, le Garon, la Cance, l'Ay et le Doux, Lyon aura 500,000³ par jour, par un aqueduc, comportant 107,000ᵐ de travaux d'art ayant coûté brut 80,000,000 environ, frais de canalisations dans les rues compris. — Je néglige l'intérêt pendant les travaux, l'Etat intervenant toujours pour une large part dans les barrages, cela compensera.

La somme est énorme, mais les .ésultats seront considérables. Les captages sur les bords de la Loire seront non moins coûteux. Si l'on veut des eaux égales en pureté, il faut aller chercher la Loire en amont du Pertuiset, à Monistrol. Plus bas, elle titre 5°, titre qu'elle garde jusqu'à Nantes, et ne convient plus pour la teinture du souple. Elle est douce, mais elle n'est plus granitique.

J'aurais pu masquer mes devis, mais à quoi bon, voyons les résultats en regard des dépenses.

Economie de savon, de linge, agrandissement des recettes d'octroi et de toutes natures, en retenant l'industrie, forces motrices, nous représentent au moins annuellement une plus-value de 4,000,000 sur les eaux calcaires.

De plus nous assurons la splendeur de Lyon.

MARIUS MOYRET

Ingénieur Chimiste, Auteur de la *Teinture de la Soie*.

Lyon, 15 Mars 1884.

———————

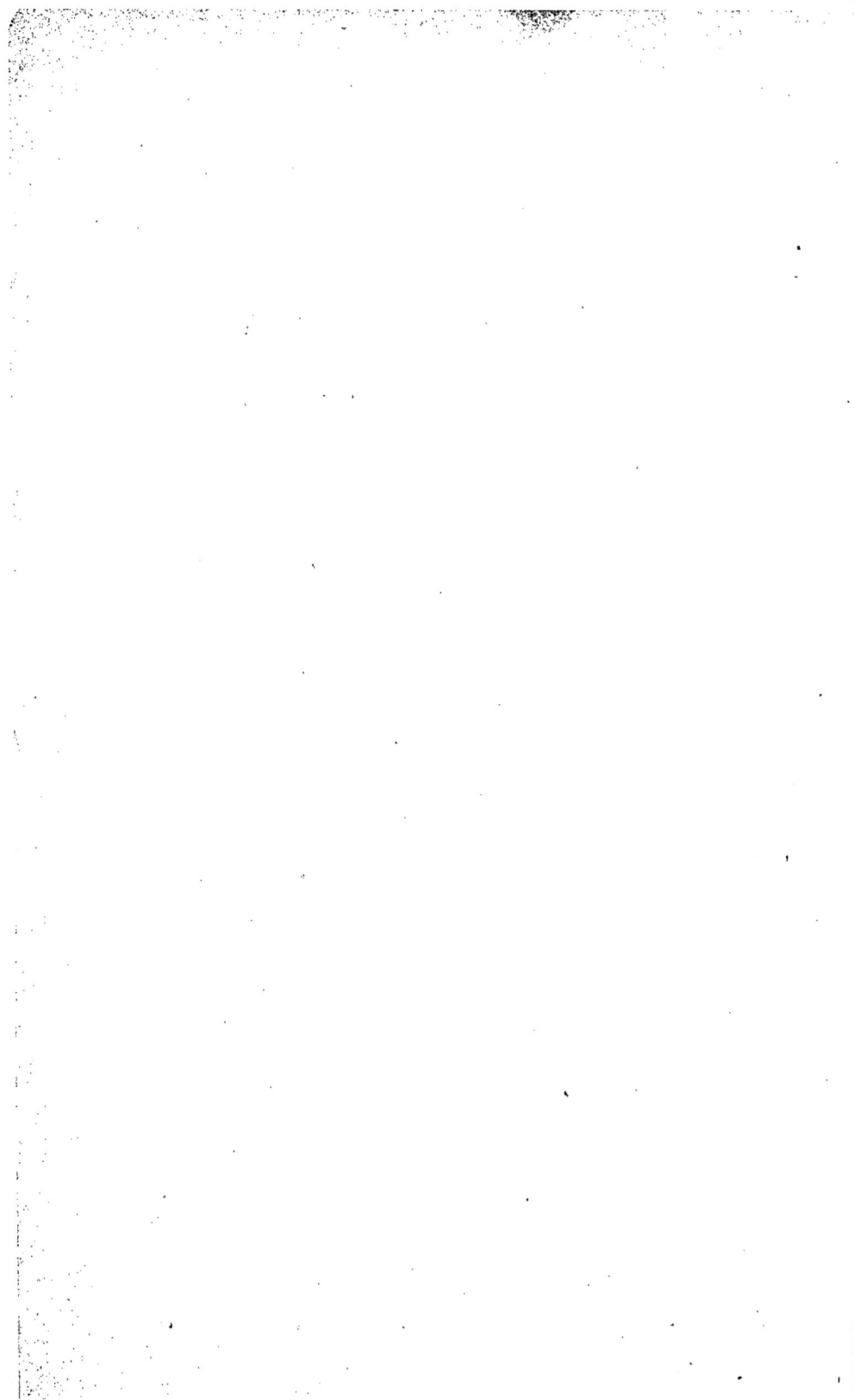

Encore un dernier mot sur les eaux de Lyon : il est évident que les eaux granitiques rendues à Saint-Irénée rendraient de très grands services, mais malgré ce, si le prix devait être une cause d'empêchement dans l'exécution des travaux, je ferais observer, qu'en abaissant l'altitude pour la basse ville, c'est-à-dire pour la masse des eaux, ou mieux pour les huit dixièmes, en sacrifiant les forces motrices, tout en conservant les avantages de l'eau granitique sur l'eau calcaire, on arriverait à de très grandes réductions de prix d'installation.

Dans ce cas, les eaux de l'Yzeron, du Garon, des torrents du Pilat, (versant du Rhône), de la Cance (je néglige la Deaume réservée pour les besoins d'Annonay) de l'Ay et du Doux, sont les seules possibles pour l'alimentation de Lyon, La Haute-Loire et ses affluents ne peuvent être mis en parallèle, obligés qu'ils sont de passer par Saint-Étienne ou en tunnel de Saint-Just-sur-Loire à Saint-Chamond.

En effet, si nous gardons le barrage du Chazotier, grossi des eaux du Garon, comme il a été dit précédemment, nous pourrons desservir amplement avec le concours du barrage du Pont-Chabrol, toute la rive droite de la Saône, et toute la partie élevée de la presqu'île, la Croix-Rousse et ses pentes. En effet nous avons vu que nous pourrions trouver dans ces conditions, un volume de 70,000 m.^{3} par jour, ce qui est déjà quelque chose. En ce moment Lyon n'a en tout que 35,000 m.^{3}.

A mon avis, c'est par là qu'il faudrait commencer. Les pompes actuelles fourniraient de l'eau du Rhône au restant de la basse ville en dehors de la rive droite de la Saône.

Puis alors, si l'on veut, on amènerait successivement les eaux des flancs du Pilat (bords du Rhône), Cance, Ay, Doux, à la cote de 220 m. à la montée des Génovéfains, cote bien supérieure à celle des eaux des projets calcaires, rendues à 210 à Bron.

Dans ces conditions on augmenterait les surfaces de captage des torrents du Pilat, de la Cance (en faisant sauter les égoûts d'Annonay par-dessus les captages) et du Doux, on diminuerait l'importance des travaux d'art du Doux à Lyon. Ils consisteraient à suivre les courbes de niveau du Doux (Gorges-de-Mort-d'Ane, départ à la cote de 240 m.) à la montée des Génovéfains Lyon, sans tunnels et sans autres syphons que ceux du Gier et de l'Yzeron, de faible importance d'ailleurs.

Pour cinquante millions tout compris, barrages, aqueducs suivant la rive droite du Rhône du Doux à Lyon, comprenant les syphons du Gier, de l'Yzeron, canalisation dans les rues, barrages sur l'Yzeron et le Garon, service sans pompes pour les hauts plateaux. — Bref, on pourrait donner une distribution totale de 600,000 m.^{3} avec une installation de 50,000,000 fr. et l'eau de la basse ville serait rendue à 220, au lieu de 210 projets calcaires, et celles des hauts plateaux directement, ce que ne peuvent faire les projets calcaires.

M. M.

Lorsqu'en 1883, j'ai été entendu par la Commission municipale, j'ai simplement développé un projet de captage pouvant donner de 60 à 80,00^{m3} par jour dans les montagnes lyonnaises. Prenant en main les intérêts de la ville de Lyon, je faisais observer qu'effrayé des dépenses pour 400,000^{m3} d'eau rendue à Saint-Irénée, je proposais d'aller aux besoins les plus pressés, aussi économiquement que possible, en prévoyant l'avenir. Et quant aux grandes masses des égouts de la basse ville, à l'arrosage du Parc, de la banlieue basse ville, on pouvait puiser économiquement l'eau des fleuves directement ou dans la nappe souterraine. De même pour l'eau calcaire d'industrie il n'est pas possible de faire concurrence aux pompes de nos grands industriels. En effet, j'admets que pour tous ces usages, tant que le charbon n'aura pas doublé de prix, l'eau pour ces emplois divers, reviendra en moyenne à 1 fr. 50 le mètre annuel et même meilleur marché.

En définitive, l'Yzeron, par le barrage du Chazotier pourrait donner 20,000^{m3} par jour, rendue à Saint-Irénée, quantité très convenable. En automne, hiver et printemps (de septembre à avril compris) on pourrait faire des réserves d'eau, pour porter le débit à 30,000^{m3} par jour dans les 4 mois chauds et d'arrosage. Dans les huits autres 16 ou 17,000 suffiraient. Le barrage du Chabrol pourrait, dans les mêmes conditions, assurer une distribution moyenne de 20,000^{m3} par la route de Bordeaux, à Vaise, Serin, limites pont de Serin, casernes et École vétérinaire comprises.

Sur le Garon, au lieu dit le Corrandin, à 300^m, en amont des ruines des aqueducs, établissons un gigantesque barrage, tout s'y prête, rochers de granit, pour l'encastrage, vallée sauvage. Établi à la cote de 220^m ce réservoir aura 40^m de haut, les eaux s'en échapperont à la cote de 240^m et dans l'espace compris entre les cotes de 240^m et 260^m on pourra avoir une réserve de 8,000,000^{m3} La crête facilitera, les communications entre Chaponost et Orliénas.

Les eaux suivant la courbe de niveau, rive gauche du Garon, en galeries voûtées, viendront au-dessus de Brignais, s'engager dans un tunnel, pour déboucher à Côte-Lorette, Oullins, à la cote de 239^m (les projets calcaires, viennent à Bron à celle de 210). A cette cote, elle pourront desservir très convenablement la basse ville, et même une partie des services moyens de la presqu'île. Arrivant à 230^m au pied de la Croix-Rousse (Jardin des Plantes) il faudra nécessairement des machines à feu pour les besoins de ce plateau. Mais outre qu'elles sont de 20^m plus élevées que les eaux calcaires (à Bron) et de 30, celles-ci étant rendues au jardin des Plantes, il y aura moins d'habitants à desservir, puisque la limite des services moyens pourra être reculée de la rue Sainte-Cathrine à la rue Vieille-Monnaie.

Le barrage du Garon, recevrait les eaux de 8,000 hectares par lui-même, puis on pourrait amener les crues de tous les ruisseaux du plateau de Mornant, en allant au Bozançon compris (vis-à-vis Rive-de-Gier), soit les eaux d'environ 15,000 hectares.

M. M.

Imp. WALTENER ET Cie, rue Belle-Cordière, 14. — Lyon.

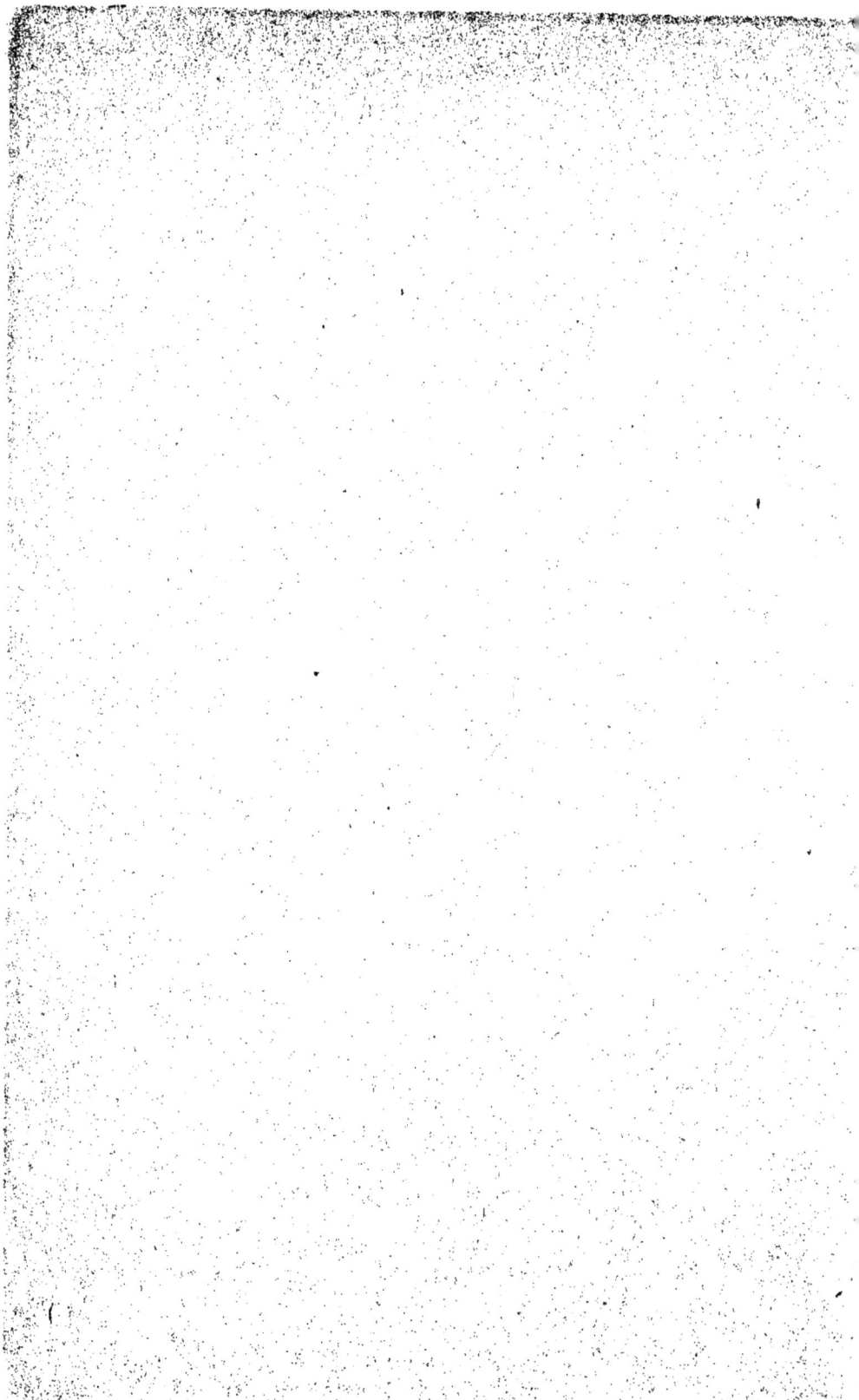

www.ingramcontent.com/pod-product-compliance
Lightning Source LLC
Chambersburg PA
CBHW070714210326
41520CB00016B/4333